Anna Pezold

1988

Technik aus deinem Geburtsjahr

Du bist so alt wie die ...

Digitalkamera

FRANZIS

Bildverzeichnis: 7: ullstein bild – PAI-Foto.pl; 8/9: ullstein bild – Günter Schneider; 14: Trevor Blackwell; 15: Intel Free Press; 16: Imago/teutopress; 21: Peugeot Deutschland GmbH; 22: CTR Photos/Shutterstock.com; 23: PiK/Shutterstock.com; 24: Barsan ATTILA/Shutterstock.com; 26: David Fowler/Shutterstock.com; 29: aydngvn/Shutterstock.com; 30: Imago/CTK Photo; 31: Lois Ascher via Wikimedia Commons; 33: Sergey Kohl/Shutterstock.com; 34: sam-whitfield1/Shutterstock.com; 36: Everett Historical/ Shutterstock.com; 38: Rob Wilson/Shutterstock.com; 39: akg-images/picture-alliance/ Wolfgang Eilm; 40: ullstein bild – Rust; 42/43: Viktoria Kozma/Shutterstock.com; 45: vsop/Shutterstock.com; 46: FotogtaFFF/Shutterstock.com; 48: Satakorn/Shutterstock. com; 49: ullstein bild – Sven Simon; 51: Eric Isselee/Shutterstock.com; 53: ullstein bild – NMSI/Science Museum; 55: Nerthuz/Shutterstock.com; 57: ullstein bild – Jiji Press Photo; 58: CrimeScene/Shutterstock.com; 59: Shawn Hempel/Shutterstock.com; 60/61: Best-Backgrounds/Shutterstock.com; 62: Fujifilm Corporation; 64: ullstein bild – Teutopress

Bibliografische Information der Deutschen Nationalbibliothek

Die Deutsche Nationalbibliothek verzeichnet diese Publikation in der Deutschen Nationalbibliografie; detaillierte bibliografische Daten sind im Internet über http://dnb.ddb.de abrufbar.

© 2018 Franzis Verlag GmbH, Richard-Reitzner-Allee 2, 85540 Haar bei München

Autor: Anna Pezold und Markus Dolinsky, Neumann & Kamp Historische Projekte
Konzept und Produktmanagement: Florian Greßhake
Sprachlektorat: Sibylle Feldmann
Cover: Manuel Blex
Layout & Satz: Nelli Ferderer, nelli@ferderer.de
ISBN: 978364560583-0

Eine Zeitreise in Ihr Geburtsjahr

Jedes Jahr bringt neue technische Erfindungen, Gadgets, Highlights und Flops mit sich. Gerne erinnern wir uns zurück an die technischen Spielzeuge aus unseren Kindheitstagen, aber auch an die bahnbrechenden Entdeckungen und Produkteinführungen, die das Leben für immer veränderten.

1988 war ein ganz besonderes Jahr. Folgen Sie Anna Pezold auf ihrer Reise zu den Anfängen der digitalen Fotografie, zum ersten Computervirus und weiteren Highlights der Technik.

Liebes Geburtstagskind, ...

1988 * TECHNIK AUS DEINEM GEBURTSJAHR * FRANZIS

FRANZIS * 1988 * 1988 * TECHNIK AUS DEINEM GEBURTSJAHR

1988

Inhaltsverzeichnis

Politik und Zeitgeschehen 1988 – das Jahr im Zeitraffer

Auf dem internationalen diplomatischen Parkett glänzte das Jahr 1988. Endlich konnten einige der blutigsten Konflikte der vergangenen Jahre beigelegt werden. Am 20. August endete der Golfkrieg zwischen Irak und Iran mit einem von den UN vermittelten Waffenstillstand. Dem vorausgegangen waren acht Jahre brutaler Kämpfe mit Hunderttausenden von Opfern. Noch im März ließ Saddam Hussein den hauptsächlich von Kurden bewohnten Grenzort Halabja mit Giftgas bombardieren.

Auf der anderen Seite der Welt, in Nicaragua, handelten linksgerichtete Sandinisten und rechte Contra-Rebellen einen Waffenstillstand aus, der den seit 1982 tobenden Bürgerkrieg beendete und den Weg in die Demokratisierung ebnete.

Weniger ruhig ging es in Israel zu. In den von Israel besetzten Palästinensergebieten setzten sich die Unruhen der im Vorjahr begonnenen Intifada fort. Der sich entspinnende Machtkampf zwischen der noch jungen radikal-islamischen Hamas und der Palästinensischen Befreiungsorganisation PLO erfuhr eine neue Wendung, als der PLO-Vorsitzende Jassir Arafat am 15. November in Algier den Staat Palästina ausrief. Die Arabische Liga unterstützte Arafat. König Hussein von Jordanien erklärte bereits im Juli seinen Verzicht auf das Westjordanland, das bis 1967 ein Teil Jordaniens war.

In BRD und DDR beherrschten außerdem die neuesten Entwicklungen in den Ostblockstaaten die Nachrichten, denn hier zeichnete sich langsam ein Wandel ab. In Polen setzte das Bündnis Solidarność seine Massenstreiks fort, in Ungarn musste der reformfeindliche langjährige Machthaber János Kádár auf Druck seiner Partei zurücktreten, und in der DDR protestierten immer mehr Menschen gegen die Zensurmaßnahmen der SED. Bei der traditionellen Rosa-Luxemburg-Demonstration wurden in Berlin rund 120 Regimekritiker festgenommen und

in vielen Fällen später in die BRD ausgewiesen. In der Sowjetunion trieb Michail Gorbatschow unterdessen seine Politik von Glasnost und Perestroika voran. Unter anderem kündigte er vor den Vereinten Nationen eine deutliche Verringerung der Streitkräfte an – das Wettrüsten des Kalten Kriegs schien endlich der Vergangenheit anzugehören.

In der westdeutschen Politik waren noch die Nachwehen der Barschel-Affäre spürbar. Im Vorjahr hatte der CDU-Ministerpräsident von Schleswig-Holstein, Uwe Barschel, negative Schlagzeilen gemacht, weil er im Wahlkampf den SPD-Kandidaten ausspionieren ließ, und kurz nach der Wahl war er tot in einer Hotelbadewanne gefunden worden. Bei der vorgezogenen Landtagswahl 1988 gewann dann der SPD-Kandidat Björn Engholm und beendete damit die seit 38 Jahren bestehende CDU-Herrschaft.

Auch in Bayern endete eine Ära. Am 3. Oktober starb der ehemalige Bundesverteidigungsminister und »Landesvater« Franz Josef Strauß in Regensburg an multiplem Organversagen.

King of Pop vs. VoPos

Der König kam zu Besuch nach Deutschland – oder besser gesagt: Der King of Pop, Michael Jackson, gab sich am 19. Juni 1988 die Ehre und spielte im Rahmen seiner Tour »Bad« ein Konzert vor dem Reichstagsgebäude in Westberlin. Wie bei Konzerten an dieser Stelle üblich versammelte sich auf der anderen Seite der Berliner Mauer eine große Gruppe DDR-Bürger, die die Chance auf kostenlose Westmusik nutzten. Den Behörden gefiel dieser jugendliche Auflauf weniger. Am Ende ging die Volkspolizei gewaltsam gegen die Michael-Jackson-Fans vor. Wer angesichts dieser rücksichtslosen Aktion wütend und ratlos zurückblieb, konnte gleich ein erfolgreiches deutsches Lied des Jahres 1988 zitieren. »Was soll das?«, so sang Herbert Grönemeyer auf seinem Album »Ö«. Diese Frage galt zwar nicht der Staatswillkür, sondern einem Seitensprung, sie ließ sich aber in den unterschiedlichsten Situationen zitieren. »Ö« wurde hierzulande das erfolgreichste deutsche Album aller Zeiten und behielt diesen Spitzenplatz bis 2010.

Ein anderes Kapitel deutscher Musikgeschichte kam 1988 zu einem vorläufigen Ende. Die Ärzte veröffentlichten nach ihrer Abschiedstour ihr erstes Livealbum »Nach uns die Sintflut«. Die beste Band der Welt verabschiedete sich mit einem Dreifach-Vinylalbum von ihren Fans. Auf einer beigelegten Single war außerdem eine Liveversion des indizierten Ärzte-Lieds »Geschwisterliebe« enthalten, allerdings als Instrumentalversion – der Gesang kam vom Publikum, und betitelt war das Ganze mit dem poetischen Namen »Der Ritt auf dem Schmetterling«.

1988

Der Ohrwurm des Jahres kam allerdings aus den USA. Bobby McFerrin stürmte mit »Don't Worry, Be Happy« die internationalen Charts. Zu seiner mitreißenden A-capella-Nummer hatte ihn ein Spruch des indischen Gurus Meher Baba inspiriert, der der Meinung war, dass auf der Welt viel zu viel geschimpft und zu wenig gelacht werde. Im Musikvideo ging es auch entsprechend klamaukig zu. Neben dem Sänger sah man die beiden Schauspieler Robin Williams und Bill Irwin durch ein Zimmer toben und tanzen.

Neues aus der Traumfabrik

Glaubt man der Bravo, die jedes Jahr ihre Leser die beliebtesten Stars küren lässt, ließen sich die Deutschen 1988 vor allem von den Schauspielern Patrick Swayze, Jennifer Grey, Sylvester Stallone und Linda Kozlowski begeistern. Hier schwang vor allem noch das »Dirty Dancing«-Fieber des vergangenen Jahres mit.

Der Film des Jahres 1988 war aber keine Romanze. »Rain Man« mit Dustin Hoffman und Tom Cruise räumte bei den Oscars ab. Das tragikomische Roadmovie um den Autisten Raymond und seinen Bruder Charlie gewann in den Kategorien »Bester Film«, »Bester Hauptdarsteller« (Dustin Hoffman), »Beste Regie« und »Bestes Originaldrehbuch«. Auch das Publikum zeigte sich begeistert: »Rain Man« spielte 1988 mehr Geld an den Kinokassen ein als jeder andere Film.

Etwas politischer ging es in »Gorillas im Nebel« zu. Der Film basiert auf der Autobiografie der Verhaltensforscherin Dian Fossey, die jahrelang das Verhalten der Berggorillas im afrikanischen Urwald untersucht hatte und 1985 ermordet worden war. Sigourney Weaver, die die Hauptrolle in dem bildgewaltigen Drama spielte, gewann einen Golden Globe und wurde für einen Oscar nominiert.

Etwas für die Lachmuskeln bot »Ein Fisch namens Wanda«. Die Gangster-Verwechslungskomödie im Monty-Python-Stil wurde schnell ein moderner Klassiker. Ebenfalls lustig und in technischer Hinsicht beeindruckend war »Falsches Spiel mit Roger Rabbit«. Regisseur Robert Zemeckis kombinierte Real- und Zeichentrickfilm in einer schrägen Komödie über ein fiktives Hollywood der 1940er-Jahre, in dem Zeichentrickfiguren und Menschen gleichberechtigt nebeneinander leben und arbeiten. Es überraschte dann auch wenig, als »Falsches Spiel mit Roger Rabbit« den Oscar für die besten Effekte erhielt. Außerdem wurde der Film für seinen herausragenden Schnitt und seinen Tonschnitt ausgezeichnet. Der enorme Erfolg trug dazu bei, die sogenannte Disney-Renaissance der frühen 1990er-Jahre ins Rollen zu bringen.

1988

Timeline

1. Januar: In der BRD treten Änderungen zum Erziehungsurlaub in Kraft. In Zukunft besteht ein Anspruch auf zwölf Monate statt wie bisher zehn Monate.

21. Januar: In einer Tiefgarage in Hannover werden die ersten Frauenparkplätze eingerichtet. Sie sollen Tiefgaragen für Frauen sicherer machen.

1. Februar: In der BRD wird verbleites Benzin verboten.

23. Februar: 80.000 Menschen bilden eine Menschenkette durch das Ruhrgebiet, um gegen die geplante Schließung des Krupp-Stahlwerks in Duisburg-Rheinhausen zu demonstrieren.

1. März: In Hamburg beginnt ein Pilotprojekt, in dem Heroinsüchtige kostenlos mit Methadon versorgt werden.

2. März: Die Regierung beschließt, dass in Spraydosen möglichst keine FCKW-Treibgase mehr verwendet werden sollen, um die Zerstörung der Ozonschicht aufzuhalten.

10. März: Zum ersten Mal feiert ein deutscher Film in der BRD und der DDR gleichzeitig Premiere. Loriots

»Ödipussi« wird in beiden Teilen Deutschlands ein Erfolg.

18. März: Im Westpazifik gibt es eine totale Sonnenfinsternis.

14. April: Das Afghanistan-Abkommen wird beschlossen. Es regelt den Abzug der sowjetischen Truppen.

18. April: Die USA und der Iran liefern sich im Persischen Golf eine Seeschlacht, die sogenannte »Operation Praying Mantis«.

21. April: In der Alten Pinakothek in München fallen mehrere Gemälde von Albrecht Dürer einem Schwefelsäureattentat zum Opfer.

1. Mai: Die Deutsche Bahn stellt mit ihrem neuen Hochgeschwindigkeitszug InterCityExperimental einen Geschwindigkeitsrekord für Schienenfahrzeuge auf. Der Zug erreicht 406,9 km/h.

11. Mai: Die Deutsche Bundespost wird reformiert und in drei Bereiche aufgeteilt: Post (Briefe und Pakete), Postbank und Telekom.

21. Mai: Werder Bremen wird Deutscher Meister in der Ersten Bundesliga.

1. Juni: Beim Grubenunglück von Stolzenbach kommen 51 Bergleute ums Leben. Sechs Kumpel können nach vier Tagen lebend geborgen werden.

5. Juni: Die russisch-orthodoxe Kirche feiert ihr 1.000-jähriges Bestehen.

11. Juni: Im Londoner Wembley-Stadion findet zu Ehren des inhaftierten Nelson Mandela ein Konzert vor 70.000 Zuschauern statt, unter anderem mit Whitney Houston, Miriam Makeba, Sting und Joe Cocker.

25. Juni: Im Finale der Fußball-europameisterschaft in München gewinnt das Team der Niederlande 2:0 gegen die UdSSR.

27. Juni: Mit ihrem Sieg bei den US Open ist Steffi Graf die erste Deutsche und die dritte Spielerin der Geschichte, die den Grand Slam gewinnt.

13. Juli: British Airways bricht einen vierwöchigen Versuch mit Nichtraucherflügen auf der Strecke Berlin (West) – Hannover ab, nachdem Passagiere und Großkunden protestiert hatten.

19. Juli: Bruce Springsteen tritt in Ostberlin auf. Es ist das größte Livekonzert in der Geschichte der DDR.

8. August: Die Gangsta-Rapper N.W.A veröffentlichen ihr Album »Straight Outta Compton« mit dem umstrittenen Titel »Fuck tha Police«. Als bekannt wird, dass das FBI versucht hat, die Verbreitung des Albums zu unterbinden, ist der Erfolg kaum noch aufzuhalten.

15. August: DDR und Europäische Gemeinschaft nehmen diplomatische Beziehungen auf.

16. August: Die als »Gladbecker Geiseldrama« bekannte Entführung beginnt. 54 Stunden lang liefern sich Geiselnehmer und Polizei ein Katz-und-Maus-Spiel. Bei Befreiungsversuchen sterben zwei der Geiseln und ein Polizist. Besonders kritisch wird im Nachhinein die Rolle der Presse beurteilt, die sensationslüstern die Ermittlungen behindert hatte.

25. August: Der historische Stadtkern von Lissabon Chiado brennt. Es ist die größte Katastrophe in der Stadt seit dem Erdbeben von 1755.

28. August: Bei einer Flugschau auf der US-Air-Base Ramstein kommt es zu einer Kollision zwischen drei Flugzeugen. Bei dem Unglück sterben 70 Menschen.

6. September: Nach Salmonellenfunden in der Nordsee gilt an allen Stränden der ostfriesischen Insel Norderney Badeverbot.

10. September: Ein Großbrand vernichtet weite Teile des Yellowstone-Nationalparks.

14. September: Archäologen entdecken in Peru in einer Grabanlage den größten Gold- und Juwelenschatz der Geschichte.

19. September: Israel schickt mit Ofeq 1 seinen ersten Satelliten ins All.

23. September: In Niederösterreich wird die »Venus vom Galgenberg« gefunden, eine steinzeitliche Figurine, die als eines der ältesten von Menschenhand geformten Kunstobjekte in die Forschungsgeschichte eingeht.

19. Oktober: Der Nobelpreis für Chemie geht in diesem Jahr an die deutschen Wissenschaftler Johann Deisenhofer, Robert Huber und Hartmut Michel für ihre Arbeiten über die Fotosynthese.

24. Oktober: Bundeskanzler Helmut Kohl besucht die Sowjetunion und trifft sich in Moskau mit Michail Gorbatschow. Sie verabreden ein »Ende des Eises«.

8. November: Der Republikaner George H. W. Bush wird zum 41. Präsidenten der USA gewählt.

10. November: Bundestagspräsident Philipp Jenner hält eine missglückte Rede zum 50-jährigen Jahrestag der Reichspogromnacht und tritt kurze Zeit später von seinem Amt zurück.

16. November: In Pakistan wird zum ersten Mal eine Frau zur Präsidentin gewählt. Benazir Bhutto ist die Tochter des Expräsidenten Zulfikar Ali Bhutto und die erste Frau an der Spitze eines islamischen Staats.

5. Dezember: Boris Becker gewinnt im New Yorker Madison Square Garden das »Masters-Turnier« der acht weltbesten Spieler.

13. Dezember: In Frankfurt endet ein bundesweiter Vorlesungsstreik mit einer Großdemonstration von 10.000 Studentinnen und Studenten. Sie wehren sich gegen hoffnungslos überfüllte Hörsäle.

21. Dezember: Nach einem Terroranschlag an Bord einer Boing 747 stürzt das Flugzeug über Lockerbie in Schottland ab. Alle 259 Menschen an Bord und 11 Einwohner von Lockerbie kommen ums Leben.

Da ist der Wurm drin

Am 2. November 1988 ging ein kleines Stück Code in die Geschichte ein. Eigentlich war das innovative Programm dazu gedacht gewesen, die Größe des noch jungen Internets zu ermitteln, doch die Allgemeinheit lernte es schnell als Computerwurm Morris kennen. Robert Tappan Morris, ein Doktorand der Cornell University in Ithaca, New York, hatte die Zeilen geschrieben, die es dem »Wurm« ermöglichten, unentdeckt in fremde Computer einzudringen und sich von dort aus selbstständig weiterzuverbreiten. Da damals selbst Systemadministratoren nur selten sichere Passwörter verwendeten, konnte der Wurm mit Brute-Force-Angriffen (also dem Knacken von Passwörtern mittels eines Lexikons) etwa 6.000 Computer infizieren – ein Zehntel der damals mit dem Internet verbundenen Geräte! Obwohl Morris keinerlei böse Absichten verfolgte, kam es zu Serverüberlastungen und -ausfällen: Eigentlich sollte das Programm bei einer Infektion zunächst prüfen, ob bereits andere Kopien des Wurms vorhanden waren, und sich dann gegebenenfalls selbst löschen. Einige Kopien des Codes übersprangen diesen Schritt jedoch und vermehrten sich stattdessen munter weiter, sodass manche Rechner gleich mehrfach infiziert wurden. Dadurch entstand ein ähnlicher Effekt wie bei modernen »Distributed Denial-of-Service Attacks« (DDoS-Attacken): Server wurden zum Absturz gebracht und weite Teile des Internets lahmgelegt.

1988 war noch niemand auf solch ein Problem vorbereitet. Umso beeindruckender war daher die rasche Reaktion der amerikanischen Systemadministratoren: Innerhalb von zwei Tagen fanden Entwicklerteams des Massachusetts Institute of Technology (MIT) und der University of California einen Weg, die Sicherheitslücken zu schließen und den Wurm restlos zu beseitigen.

Morris selbst wäre übrigens niemals mit dem Wurm in Verbindung gebracht worden, hätte er sich nicht von seinem Vater zu einem Geständnis überreden lassen. Zwar musste er 10.000 Dollar Strafe zahlen und 400 Stunden gemeinnützige Arbeit ableisten, doch handelte es sich um ein recht mildes Urteil, zumal der entstandene finanzielle Schaden womöglich in die Millionen ging. Der Karriere des Hackers war das Bekanntwerden seiner Täterschaft keineswegs abträglich: Als Mitbegründer der Shoppingplattform Viaweb, Entwickler neuer Programmiersprachen und Professor am MIT machte er sich einen Namen in der Computerbranche.

Technik im Kinderzimmer

Lange Zeit galt: Im Kinderzimmer braucht man eine Lampe, später vielleicht noch ein Tonbandgerät bzw. einen Kassettenrekorder, um das Einschlafen zu erleichtern, und für den Wickeltisch maximal einen kleinen Heizstrahler – damit war das Technikbedürfnis für diesen Teil der Wohnung erschöpft. Doch natürlich machte der Fortschritt auch hier nicht halt. 1988 war beispielsweise das Babyfon schon vielerorts etabliert. Bereits 1937 hatte die Zenith Radio Corporation ein vergleichbares Gerät unter dem Namen Radio Nurse auf den Markt gebracht. Initiator der Entwicklung war der Firmenchef, der aus Angst vor Kindesentführung – die Lindbergh-Entführung lag noch nicht lange zurück – nach einer Möglichkeit suchte, seine kleine Tochter auf der Yacht besser beschützen zu können. Der Designer der Radio Nurse war Isamu Noguchi, der 1988 starb. Die ersten Babyfone waren noch nicht sehr ausgereift. Es konnte passieren, dass sie statt der Babygeräusche versehentlich Radioprogramme übertrugen. Deshalb dauerte es noch einige Jahrzehnte, bis sich die Geräte in den Kinderzimmern durchsetzten. In den 80er-Jahren gehörte es dagegen schon zum Alltag, den Schlaf der Sprösslinge aus dem Nebenzimmer zu verfolgen.

Ganz allein waren die Kinder in ihren Zimmern ohnehin nicht mehr: Neben dem traditionellen Kuscheltier häuften sich mittlerweile Actionfiguren und Puppen mit elektronischem Innenleben in den Spielzeugkisten der Nation. Sie konnten sprechen oder sich bewegen, was sie manchmal überraschend lebendig wirken ließ. Das beflügelte nicht nur die Fantasie der Kinder: 1988 lief der Kult-Horrorfilm »Chucky – Die Mörderpuppe« an, in dem der Geist eines Serienmörders von einer Puppe Besitz ergreift und sein blutiges Unwesen treibt. Dass die »Good Guy«-Puppen im Film serienmäßig sprechen konnten, war für Chuckys Tarnung ein gewaltiger Vorteil. In der Realität waren die Spielzeuge aber weitaus harmloser. Von Kindern teilweise selbst programmierbare Roboter befolgten einfache, per Spracheingabe, erteilte Bewegungsbefehle. Auch ferngesteuerte Fahrzeuge waren beliebt.

Wie gewohnt, orientierten sich die Actionfiguren und das restliche Spielzeug in vielen Fällen an populären Filmen und Serien. Das Star-Wars-Fieber war damals zwar erst einmal abgeklungen und der voll funktionstüchtige R2D2 zum Leidwesen vieler Fans ein Traum geblieben, und auch die Masters-of-the-Universe-Figuren, die seit Mitte der 1980er-Jahre so beliebt waren, wurden eingestellt, aber der Markt hatte viele Alternativen zu bieten: Transformers, Teenage Mutant Ninja Turtles sowie diverse Disneycharaktere in allen nur erdenklichen Erscheinungsformen. Ewige Dauerbrenner bleiben G.I. Joe und Barbie samt Zubehör.

Ein neues Phänomen waren die Lerncomputer. Als Pionier galt das im hessischen Kelsterbach ansässige Unternehmen Yeno, dessen französischer Gründer Jean Peters eine Marktlücke entdeckt hatte und diese nun eifrig mit Importware aus Hongkong füllte. Mit Texas Instruments und Hartung Spiele folgten bald zwei weitere einflussreiche Anbieter von Elektronik für die Kleinsten. Die Geräte waren besonders robust und ausgestattet mit flüssigkeitsabweisenden Tastaturen sowie stabilen Gehäusen, um Saft, Kakao und unbeholfener Kleinkindmotorik ebenso wie dem einen oder anderen Tobsuchtsanfall widerstehen zu können. Auf den kleinen einfarbigen LCD-Displays konnten verschiedene Lernspiele gespielt werden, deren pädagogischer Wert zwar von den Herstellern lautstark betont, von vielen Experten aber angezweifelt wurde. Die Spiele, oft auf austauschbaren Plastikkassetten zu erwerben, sollten Kinder an den Umgang mit Computern heranführen. Kritiker sahen jedoch die kindliche Kreativität und die Entwicklung eines selbstständigen Denkvermögens gefährdet. Trotz dieser Bedenken und obwohl die Preise für die Geräte im dreistelligen Bereich lagen, waren Lerncomputer und ähnliches Spielzeug fortan aus den Kinderzimmern kaum noch wegzudenken.

In den USA aus kaum einem Kinderzimmer wegzudenken waren und sind heute noch Easy-Bake Ovens – voll funktionstüchtige Kinderbacköfen, die seit Jahrzehnten auf Weihnachtswunschzetteln zu finden sind. Auch von deutschen Herstellern gab es ähnliche Geräte, beispielsweise von der Firma Heiliger, die seit den 1950er-Jahren elektrische

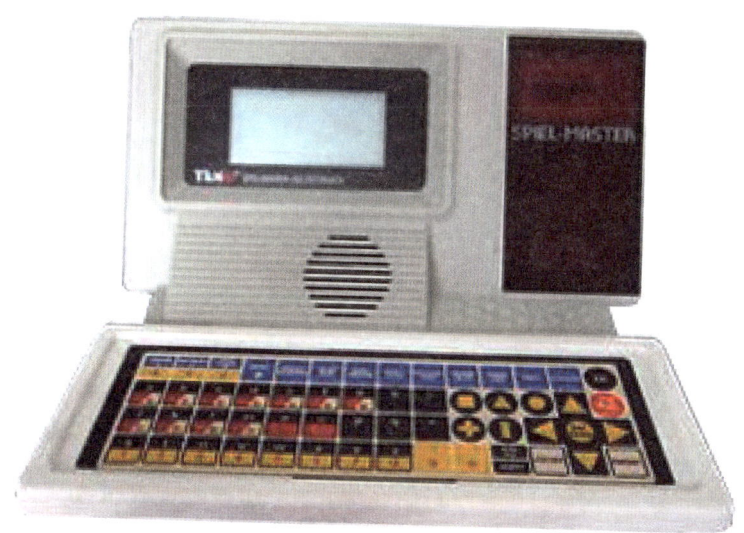

Miniaturöfen für Puppenstuben vertrieb. 1994 war hierzulande allerdings Schluss – die EU verbot den Verkauf von Elektroherden als Kinderspielzeug, weil sie als zu gefährlich eingestuft wurden.

Ein klassischeres Inventarstück der 1980er- und frühen 1990er-Jahre war der Kassettenrekorder. Aus den Lautsprechern schallten das fröhliche Törö von Benjamin Blümchen, die Kinderlieder von Rolf Zuckowski und später die spannenden Geschichten der Drei ???. Nach und nach ersetzten mobile CD-Spieler mit Kassettendeck die reinen Kassettenrekorder. Die CD war inzwischen, sechs Jahre nach ihrer Einführung in Japan, ein etabliertes Medium und hatte die Vinylschallplatte nach Verkaufszahlen schon überholt. Dennoch konnte sie es noch nicht mit der Kinderkassette aufnehmen.

TOP 10: Autos

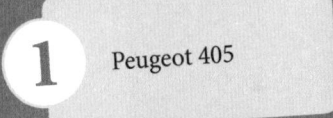
1 Peugeot 405

2 Citroën AX

3 Honda Prelude

4 VW Passat (B3)

5 Opel Vectra

6 VW Corrado

7 Opel Kadett GS

8 Mitsubishi Galant

9 Audi V8 quattro

Jaguar XJS Cabriolet **10**

Sieg der Vernunft –
das Auto des Jahres

Den Medienpreis »Auto des Jahres« erhielt 1988 der Peugeot 405. Der französische Hersteller war 1979 mit der Übernahme von Chrysler Europe in die Krise geraten und versuchte seither, sich mit der Entwicklung neuer Autos in der Kompakt- und Mittelklasse gegen die deutlich innovativere Konkurrenz in Stellung zu bringen. Ein erster Erfolg war der Peugeot 205, der 1983 auf den Markt kam, diverse Auszeichnungen erhielt und mehr als 20 Jahre lang das meistverkaufte Modell der Marke war. Als Nächstes legte Peugeot seinen Fokus auf einen Mittelklassewagen, der größenmäßig zwischen dem schlanken 305 und dem stattlichen 505 rangierte.

1987 wurde der erste Peugeot 405 verkauft. Er war mit einer Gesamtlänge von 4,41 m kürzer als alle vergleichbaren Fahrzeuge konkurrierender Hersteller, hatte dafür aber mit 2,67 m einen recht breiten Radabstand und so trotz allem die geräumigste Fahrgastzelle unter allen neuen Mittelklassewagen. Als gelungenes Feature erwies sich auch der platzsparende Quermotor. Die Umstellung auf Vorderradantrieb stellte eine weitere Innovation dar, die den 405 zu einem soliden und vielseitigen Vertreter seiner Klasse machte.

In Europa wurde die Peugeot-405-Limousine bis 1996 gebaut, der Kombi bis 1997. Deshalb ist das Modell heute bei uns nahezu aus dem Straßenbild verschwunden. In Ägypten und im Iran wird der 405 bis heute gebaut und ist nach wie vor beliebt.

Bitte 16 Bit

Fernseher und Computer bekamen in den 1980er-Jahren eine kleine Schwester, die sich bei jungen und alten Kindern schnell großer Beliebtheit erfreute: die Spielekonsole. Standardmäßig waren die Konsolen noch mit 8-Bit-Prozessoren ausgestattet, doch der Konsolenhersteller Sega machte sich 1988 daran, den Markt zu revolutionieren. Hayao Nakayama, Präsident von Sega, plante, mit einer 16-Bit-Konsole den Marktführer Nintendo technisch zu überholen und im besten Fall vom Thron zu stoßen. Der für die Entwicklung zuständige Hideki Sato entschied sich aus Gründen der Kosten- und Zeitersparnis dafür, auf bereits verfügbare Elemente von Arcade-Automaten zurückzugreifen, und verwendete das damals gebräuchliche System 16-Board als Grundlage für die neue Konsole.

Im Oktober 1988 wurde die Sega Mega Drive, wie die Hersteller ihr neuestes Produkt tauften, in Japan eingeführt. Im Folgejahr kam sie als Sega Genesis auch auf den nordamerikanischen Markt. Der Rest der Welt kam erst 1990 in den Genuss. Die Sega Mega Drive war den Produkten der Konkurrenz dank der verbesserten Grafik und eines um 7,67 MHz schnelleren Prozessors zwar tatsächlich deutlich überlegen, eine wirkliche Erfolgsgeschichte war ihr leider dennoch nicht vergönnt. Ein Knackpunkt war die geringere Zahl von bekannten Spielen, die für die Konsole im Handel waren. Die Liste umfasste Titel wie »Space Harrier II«, »Altered Beast« und »Super Thunder Blade«, die das japanische Publikum nicht wirklich überzeugen konnten.

Erst nach dem Zerwürfnis des Spieleherstellers Namco und Nintendo ergab sich für Sega zunehmend die Möglichkeit, die Dienste unabhängiger Entwicklerstudios in Anspruch zu nehmen. Insbesondere die Zusammenarbeit mit EA erwies sich als fruchtbar und brachte mehrere hochwertige Sportspiele wie die John-Madden-Serie hervor, die die Sega Mega Drive in Europa und den USA immens populär machten. Auch andere beliebte Spielreihen wie »Road Rash« oder die »Strike«-Serie wurden in diesem Zusammenhang entwickelt.

Nur durch die Entwicklung einer eigenen 16-Bit-Konsole, des Super Nintendo Entertainment System (SNES) bzw. Super Famicom, konnte Nintendo seine Position als Marktführer retten, war aber nun vom Erreichen einer Monopolstellung ein ganzes Stück weiter entfernt.

Das gibt's seit 1988

Erstmals wurden mehr CDs als Vinylplatten verkauft.

Der erste Teil der »Stirb langsam«-Reihe erschien in den Kinos.

Jan Boklöv gewann die Weltmeisterschaft im Skispringen mit dem von ihm entwickelten V-Stil.

Das Deutsche Literaturarchiv in Marbach ersteigerte für 3,15 Millionen DM das Originalmanuskript von Franz Kafkas Roman »Der Prozess«.

Das Lifestyle-Magazin Cosmopolitan behauptete, HIV könne nicht von Männern auf Frauen übertragen werden.

In der Sowjetunion wurden die Prüfungen in Geschichte und Sozialwissenschaften in den obersten beiden Schulklassen abgesagt, nachdem die Glasnost-Bemühungen der Regierung Falschinformationen in den Schulbüchern aufgedeckt hatten.

Prinz Philip, Ehemann der englischen Königin Elisabeth II., äußerte den Wunsch, im Fall seines Ablebens als Virus wiedergeboren zu werden, um die Weltüberbevölkerung zu verhindern.

Der Europäische Gerichtshof in Brüssel wies die Klage Italiens ab, die Einfuhr von Nudeln aus anderen EG-Staaten gemäß dem italienischen Reinheitsgebot zu verbieten.

Tischtennis wurde als olympische Sportart zugelassen.

Das Turiner Grabtuch, von vielen Gläubigen als das Grabtuch Christi verehrt, wurde mittels Radiokarbonverfahren auf das 13. bis 14. Jahrhundert datiert.

Eine kurze Geschichte der Zeit

Woher kommen wir und das Universum, in dem wir leben? »Eine kurze Geschichte der Zeit« erhob nicht den Anspruch, darauf eine gänzlich befriedigende Antwort liefern zu können, wollte aber die Diskussion über das große Warum beleben – und erreichte dieses Ziel auch.

Der Autor war der zum Zeitpunkt der Veröffentlichung 46-jährige Stephen Hawking. Aufgrund seiner fortschreitenden Nervenkrankheit ALS war er bereits seit 20 Jahren auf einen Rollstuhl angewiesen, nach einem Luftröhrenschnitt 1985 konnte er auch nicht mehr sprechen.

Nichtsdestotrotz hatte er sich einen Namen als renommiertester Astrophysiker seiner Zeit gemacht und war unter anderem Inhaber des Lucasischen Lehrstuhls für Mathematik in Cambridge, den in den 1660er-Jahren Isaac Newton besetzt hatte.

Nicht etwa an Hawkings Kollegen, sondern an interessierte Laien adressiert, behandelt die »kurze Geschichte der Zeit« die Ausdehnung des Universums, Wurmlöcher, Spiralgalaxien und diverse teilchenphysikalische Überlegungen, darunter die nicht unumstrittene Superstringtheorie. Die Lektüre mit all ihren wissenschaftlichen Details war für viele Leser ohne fachliche Vorbildung keine ganz leichte Kost. Trotzdem sprach das beinahe spirituell anmutende Oberthema – die Frage nach der Herkunft allen Seins und der Versuch eines bekennenden Atheisten, Gott zu verstehen – ein großes Publikum an, und das Buch wurde innerhalb kurzer Zeit zum Bestseller. Bis heute sind weltweit etwa zehn Millionen Exemplare in 40 verschiedenen Sprachen verkauft worden.

Die britische Tageszeitung The Guardian kürte das Werk 2016 zum sechstbesten Sachbuch aller Zeiten und verglich es mit bedeutenden Titeln wie Isaac Newtons »Die mathematischen Grundlagen der Naturphilosophie«, Albert Einsteins »Zur Elektrodynamik bewegter Körper« und Aristoteles' »Über den Himmel«. Darüber hinaus diente »Eine kurze Geschichte der Zeit« vielen anderen Sachbüchern als Vorbild: Mittlerweile gibt es eine kaum noch zu überblickende Vielzahl von »kurzen Geschichten«, die sich häufig nicht nur vom Titel, sondern auch vom Stil des Werks inspirieren ließen. Auch Hawking selbst spielte mit seiner 2013 veröffentlichten Autobiografie »Meine kurze Geschichte« bewusst auf sein bekanntestes Werk an, das ihn einem breiten Publikum bekannt gemacht und seinen Ruf als bedeutendster lebender Physiker gefestigt hat. Diese Popularität verschaffte ihm außerdem zahlreiche Gastauftritte in Fernsehserien und Filmen wie »Star Trek« oder »The Big Bang Theory«, und sogar bei den »Simpsons« tauchte er auf.

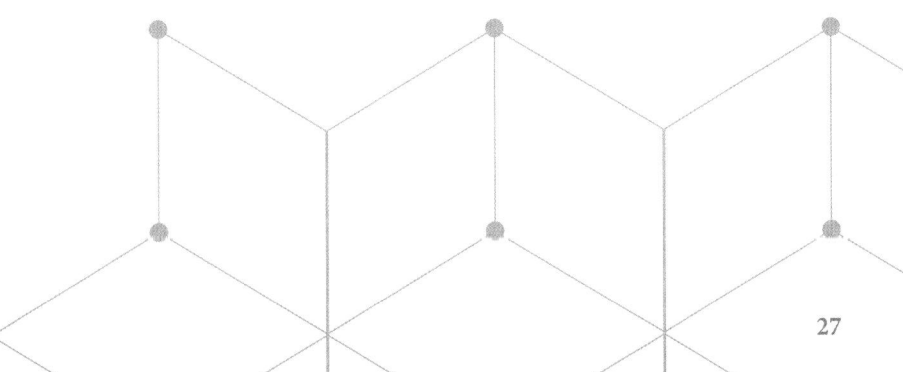

Top 10: Bauwerke

1 Fatih-Sultan-Mehmet-Brücke, Istanbul, Türkei

2 Parliament House, Canberra, Australien

3 Abdul-Aziz-Shah-Moschee, Shah Alam, Malaysia

4 Opernhaus Kairo, Kairo, Ägypten

5 Kathedrale der Unbefleckten Empfängnis, Dili, Osttimor

6 Winter Garden Atrium, New York, USA

7 Internationales Kulturzentrum (vorm. Enver-Hoxha-Museum), Tirana, Albanien

8 Edgemar (Einkaufszentrum und Museum), Santa Monica, USA

9 Tour Equho, Paris, Frankreich

10 Aalto-Theater, Essen, Deutschland

Die zweite Bosporus-Brücke

Der Traum von einer Landverbindung zwischen Europa und Asien ist alt. Schon 513 v. Chr. ließ der persische König Dareios I. im Rahmen eines Skythen-Feldzugs eine Schiffsbrücke über die Meerenge errichten. Doch wie diese erste blieben auch alle folgenden Schiffs- und Pontonbrücken über die Jahrhunderte nur kurzfristige Zwischenlösungen. Sultan Bayezid II. beauftragte 1502 Leonardo da Vinci mit dem Entwurf einer Bosporus-Brücke. Die Pläne des Genies wurden jedoch als undurchführbar verworfen – zu Unrecht, wie Ingenieure 500 Jahre später nachwiesen.

1973 wurde die erste Bosporus-Brücke eingeweiht, war jedoch schon kurze Zeit später völlig überlastet. Da man zu Recht davon ausging, dass das Verkehrsaufkommen in der Zukunft eher zu- als abnehmen würde, wurde das Architekturbüro der ersten Brücke, Freeman Fox & Partners, mit den Planungen für eine Belastungsbrücke beauftragt. 1988 konnte die Hängebrücke eingeweiht werden. Mit einer Länge von 1.090 Metern ist die Fatih-Sultan-Mehmet-Brücke 16 Meter länger als ihre Vorgängerin. Benannt wurde sie nach Mehmet dem Eroberer, der 1453 Konstantinopel dem Osmanischen Reich einverleibte.

Miniatureigenheim

Arbeitsplatz, Wohnstätte und politisches Statement in einem: 1988 rollten die »Homeless Vehicles« des polnischen Künstlers Krzysztof Wodiczko erstmals durch die Straßen von New York.

Der 1943 in Warschau geborene Wodiczko schloss 1968 an der Akademie der Bildenden Künste in seiner Geburtsstadt ein Industriedesignstudium ab. Nach Stationen in Kanada emigrierte er schließlich in die Vereinigten Staaten, wo er eine Professur an der Harvard Graduate School of Design und eine Professur am MIT bekam. Zu seinem Frühwerk als Künstler gehörte das »Vehicle« von 1972, ein absurdes Fortbewegungsmittel, das aussah wie ein Laufband auf Rädern und durch die Schritte des »Fahrenden« angetrieben wurde. Ab den 1980er-Jahren widmete sich Wodiczko vermehrt gesellschaftskritischen öffentlichen Bild- und Filmprojektionen. 1984 machte er mit dem Projekt »Homeless Projection« auf sich aufmerksam, bei dem er Bilder von Obdachlosen an das Astor Building in New York projizierte. Zwei Jahre später wiederholte er die Aktion in New York, diesmal am Union Square, und begann das bis 1987 andauernde Nachfolgeprojekt »Homeless Projection 2« am American Civil War Memorial.

Mit seiner Kunstaktion 1988 verband Wodiczko das Thema Obdach-
losigkeit seiner vergangenen Projektionen mit dem »Vehicle« von 1972.
Für die Konzeption des »Homeless Vehicle« interviewte der Künstler
zahlreiche Obdachlose auf den Straßen New Yorks zu ihren Vorstel-
lungen und den Anforderungen, die ein »Homeless Vehicle« in ihren
Augen erfüllen müsste. Auf diese Weise sollte der praktische Nutzen des
Gefährts sichergestellt werden.

Das Ergebnis der Forschungen war ein Karren, dessen unterer Teil an
einen Einkaufswagen erinnerte. Er bestand aus einem verschließbaren
Metallkorb, der der Aufbewahrung von persönlichen Gegenständen
oder gesammeltem Pfandgut dienen konnte. Den oberen Teil des
Vehicle bildete eine ausziehbare Röhre, die als erhöhter, wettergeschütz-
ter Schlafplatz diente und an deren einem Ende eine ausklappbare
Waschschüssel aus Metall angebracht war. Damit wurden alle essenziel-
len nomadischen Bedürfnisse der Obdachlosen bedient.

Für Wodiczko dienten die »Homeless Vehicles« neben dem rein praktischen Nutzen noch einem höheren Zweck. Er nutzte sie als Form des
sozialen Widerstands und hoffte, mit ihrer Hilfe – wie schon bei den
Projektionen – Obdachlose und damit einhergehend Brüche in der
urbanen Gesellschaft weithin sichtbar zu machen.

WISSEN FÜR ECHTE NERDS

Die drei Kampfflugzeuge des Jahres

Dass der Kalte Krieg kurz vor seinem Ende stand, schien 1988 noch nicht so absehbar gewesen zu sein, wie man heute denkt. Jedenfalls stand die Entwicklung von Kampfflugzeugen so hoch im Kurs, dass in diesem Jahr gleich drei neue Modelle auf den Plan traten: der schwedische Saab 39, der Eurofighter und der US-amerikanische Tarnkappenbomber Northrop B-2.

Skandinavisches Design

Vielseitig und hochmodern sollte er werden, der neue Kampfjet, der den in die Jahre gekommenen Saab 37 Viggen ersetzen und es auch mit amerikanischen und sowjetischen Kampfflugzeugen aufnehmen können sollte. Und wie sein Vorgänger sollte er neutralen Staaten als günstige Alternative zu den Produkten der Supermächte dienen. Die Rede ist vom Kampfjet Saab JAS 39 Gripen. Die Entwicklung des Flugzeugs wurde bereits 1979 von der schwedischen Regierung angestoßen. Die Abkürzung JAS steht für »Jakt, Attack och Spaning«, was auf Deutsch Jagd (im Kampf gegen andere Flugzeuge), Angriff (auf Boden- oder Seeziele) und Aufklärung bedeutet. 1987 war der erste Prototyp fertig, und am 9. Dezember 1988 fand der erste Testflug statt. Der Tag wurde für die Saab-Mitarbeiter zum besonderen Spektakel: Die meisten der 5.000 Angestellten bekamen an diesem Tag frei, um den Testflug in Linköping hautnah mitzuerleben. Der 48-jährige Pilot Stig Holmström flog 51 Minuten lang über der Stadt und konnte danach Erfolg vermelden: Der Jungfernflug war erfolgreich verlaufen. Trotzdem waren neun weitere Jahre Entwicklungsarbeit nötig, bis 1997 der erste Jet ausgeliefert werden konnte. Die Höchstgeschwindigkeit des Deltaflüglers lag bei Mach 1,8 – das entspricht sportlichen 2.222,64 km/h. Im Aufbau ähnelte der Gripen dem späteren Eurofighter, war jedoch ein bisschen kleiner.

Seine Besonderheit war, dass er in hohem Maße an die Bedürfnisse des Auftraggebers angepasst werden konnte. Die brasilianische Luftwaffe beispielsweise bestellte den Jet in einer zweisitzigen Ausführung. Bis heute ist der Gripen in zahlreichen Ländern im Einsatz, darunter Südafrika, Thailand, Ungarn, Tschechien und Brasilien. Der wirklich bahnbrechende Erfolg blieb ihm wegen der Konkurrenz durch den Eurofighter aber verwehrt.

Die genauen Kosten des Gripen bieten Anlass zu Spekulationen. Es kann grundsätzlich angenommen werden, dass Entwicklung und Produktion insgesamt deutlich günstiger waren als bei vergleichbaren Kampfjets. Wohlwollenden Schätzungen zufolge bekäme man für den Gegenwert eines Eurofighters sogar drei Saab 39.

Der Name Gripen bedeutet übrigens Greif und kommt nicht von ungefähr: Der rote Kopf eines Greifen mit goldener Krone ziert seit 1984 das Logo von Saab. Das Signet stammt ursprünglich vom Partnerunternehmen Scania, das sich wiederum vom Wappen der schwedischen Provinz Schonen (lat. Scania) inspirieren ließ, in der es gegründet wurde. Der Greif steht also nicht nur für ein flugfähiges Fabelwesen, das, wie es sich auch für einen guten Kampfjet gehört, Stärke und Wachsamkeit verkörpert, sondern ist darüber hinaus fest in der schwedischen Geschichte verwurzelt.

Gemeinsam scheitern

Eine starke Konkurrenz zum Gripen war der Eurofighter, dem aber letztlich trotzdem kein großer Erfolg vergönnt war. 1977, vor dem Hintergrund des Kalten Kriegs, beschlossen die Regierungen von Frankreich, Großbritannien und der BRD die gemeinsame Entwicklung eines Kampfjets, der in den 1990er-Jahren an den Start gehen sollte. In den folgenden zehn Jahren wurden verschiedene Projektgruppen gegründet und Verträge geschlossen, an denen sich auch Italien und Spanien beteiligten. In den 1980er-Jahren nahmen die Pläne schließlich konkrete Formen an: Das Flugzeug sollte ein leichter Abfangjäger werden. Auf einen gemeinsamen Namen konnte man sich aber noch nicht einigen. In Großbritannien wurde der Kampfjet unter dem Namen European Fighter Aircraft (EFA) oder Eurofighter bekannt, in der BRD wurde er Jäger 90 genannt. 1985 verabschiedete sich Frankreich aus dem Projekt, weil es in der Zwischenzeit mit der Entwicklung eigener Kampfflugzeuge begonnen hatte. Dafür verstärkten Italien und Spanien ihr Engagement.

Am 23. November 1988 fiel schließlich der offizielle Startschuss für den Eurofighter: In München wurden die Entwicklungsverträge für das EJ200-Triebwerk und für das EFA selbst unterzeichnet. Auftraggeber war die NATO European Fighter Aircraft Management Agency (NEFMA). Ein europäisches Kampfflugzeug, das größere Unabhängigkeit von den USA und positive Impulse für die heimische Industrie und

Forschung versprach, schien zum Greifen nahe zu sein. Dass sich das Projekt stattdessen als Geldfresser und PR-Albtraum entpuppen würde, konnte noch niemand ahnen.

Mit dem Ende des Kalten Kriegs sank der Bedarf für Kampfflugzeuge rapide. Was gut für den Friedenserhalt in Europa war, erwies sich erwartungsgemäß als negativ für die Aussichten des Eurofighters. Deutschland als einer der großen Finanziers des Projekts hatte zusätzlich noch mit der finanziellen Mehrbelastung durch die Wiedervereinigung zu kämpfen und drohte zeitweise mit dem Ausstieg. Damit stand das ganze Vorhaben plötzlich auf tönernen Füßen. Um zu verhindern, dass das Projekt ganz im Sande verlief, wurde umgeplant: Aus dem geplanten Abfangjäger sollte nun ein Mehrzweck-Kampfflugzeug werden. Der deutschen Öffentlichkeit wurde das neue Konzept als abgespeckte Version des Jägers 90 verkauft, tatsächlich wurde das Flugzeug aber mit zusätzlichen Waffensystemen aufgerüstet und dadurch immer kostspieliger. In technischer Hinsicht muss sich der Eurofighter nicht verstecken: Laut Hersteller beträgt die Höchstgeschwindigkeit Mach 2. Die vergleichsweise hohe Schubkraft der Triebwerke ermöglicht eine rasche Beschleunigung, und aufgrund seiner Wendigkeit und der automatischen Radar-, Flugkontroll- und Selbstverteidigungssysteme hätte sich der Eurofighter eigentlich einen guten Ruf erarbeiten können. In der Öffentlichkeit ist er aber bis heute weniger für seine technischen Eigenschaften als vielmehr für seine langwierige und teure Entwicklung bekannt.

Unsichtbarer Bomber

Ebenfalls in den 1970er-Jahren begannen die USA mit der Entwicklung eines neuartigen Kampfflugzeugs. Am 22. November 1988 stellte die US-Luftwaffe im kalifornischen Palmdale den weltweit ersten strategischen Langstreckenbomber mit Tarnkappentechnologie vor. Die Entwicklung des Northrop B-2 fand unter größter Geheimhaltung statt. Selbst bei der ersten öffentlichen Präsentation durften die – unter strengen Sicher-

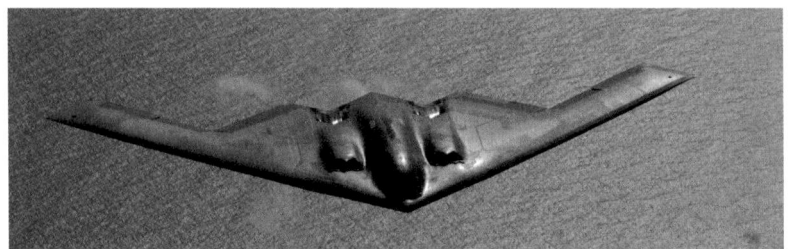

heitsauflagen ausgewählten – Gäste nur die Vorderseite des Flugzeugs in Augenschein nehmen. Der Jungfernflug fand 1989 statt, zehn Jahre später hatten die ersten B-2 im Kosovokrieg ihren ersten Kampfeinsatz.

Ziel der Tarnkappentechnologie ist es, den Bomber selbst vor modernsten Feinderfassungssystemen zu »verstecken«, um unerkannt möglichst weit ins Landesinnere vordringen zu können. Die Tarnung funktioniert auf mehreren Ebenen: Zum einen ist das Flugzeug mit einer grauen, nicht reflektierenden Farbe angestrichen, die vom Boden aus kaum vom Himmel zu unterscheiden ist. Zum anderen ist die Dreiecksform des B-2 besonders gut dafür geeignet, die Reflexion von Radarwellen in Richtung der Signalquelle zu verhindern. Das spezielle Carbonfasermaterial der Flugzeugoberfläche, ein sogenanntes RAM (Radiation-Absorbent Material), ist nicht nur besonders leicht und widerstandsfähig, sondern wirkt zusätzlich – wie der Name schon sagt – radarabsorbierend. Der B-2 ist dadurch für Radaranlagen in etwa so schwierig zu entdecken wie eine Taube. Um auch Infrarotmessanlagen hinters Licht zu führen, sind die Triebwerke tief im Flügelinneren verborgen und von einem Lüftungssystem umgeben, das die heißen Abgase mit kalter Luft vermischt. Hitzebeständige Bauteile aus Carbonfaser und Titan sowie das Fehlen eines Nachbrenners sorgen zusätzlich für die größtmögliche »Coolness« des Flugzeugs.

Obgleich es sich beim B-2 um ein Relikt aus dem Kalten Krieg handelte, erwies er sich als bestens für die Kriegsführung des frühen 21. Jahrhunderts geeignet. Nachdem der Konflikt mit Russland allerdings entschärft worden war, reduzierte das Pentagon seine ursprüngliche Bestellung von 132 auf 21 Flugzeuge.

Der Flop des Jahres – Märklin Alpha

Nicht allem, was 1988 das Licht der Welt erblickte, war eine glanzvolle Karriere beschieden. Märklins Alpha-Eisenbahn, die mit Beginn des Jahres auf den Markt gebracht wurde, sollte grandios scheitern. Dabei handelte es sich nicht um eine »echte«, also auf realen Zügen basierende Modellbahn für Erwachsene, sondern um eine Kinderspielbahn mit Fantasiefahrzeugen. Auch an der Konzeption waren Kinder beteiligt. Herzstück der Abenteuerbahn war eine stromlinienförmige Dampflok, deren Fahrgestell auf der Märklin 3104 basierte, aber im Gegensatz zu dieser deutlich futuristischer ausfiel und in den Farben Schwarz, Rot und Gelb verkauft wurde. Die dazugehörigen Niederbordwagen konnten mittels magnetischer Module beliebig ausgestattet werden.

Die Verpackung diente nicht nur dem Transport der Spielbahn, sondern ließ sich auch als Bahnhofsgebäude in die fertig aufgebaute Szenerie integrieren. Außerdem lag der Verpackung eine aufstellbare Pappkulisse bei, die den Zug wahlweise durch eine Wüsten- oder eine Dschungellandschaft fahren ließ. Um nicht den gesamten Spielspaß nur auf die Schienen zu legen, gehörten zur Alpha-Reihe auch ein Raumschiff, Lastwagen und Autos, die sogenannten Alpha-Flitzer. Die Flitzer gab es in Rot und Gelb, wobei die gelbe Variante mit dem Logo der Post verziert war. Die mitgelieferte Spielfigur, ein kleines Männchen im blauen Overall mit Knollennase und Fliegermütze, sollte eigentlich im Rahmen eines Wettbewerbs einen Namen erhalten. Daraus wurde jedoch nichts: Bis zum heutigen Tag ist die Figur lediglich als der Alpha-Erfinder bekannt.

Auch sonst war die Alpha-Bahn nicht von Erfolg gekrönt, denn der erhoffte Absatz blieb aus. 1989 wurde bereits angekündigtes Zubehör doch nicht realisiert. Eine letzte Chance zur Katalogbestellung gab es noch bis 1995, dann verschwanden auch die Grundsets aus dem Märklin-Sortiment. Die Flitzer erlebten 1999/2000 noch ein kurzes Comeback, als sie unter der von Märklin aufgekauften Marke GAMA erneut vertrieben wurden. Von einigen neuen Autofarben abgesehen, hatte sich am Design so gut wie nichts geändert. Dieser eher halbherzige Versuch schlug ebenfalls fehl.

Einer für alle

Am 1. Juli 1988 wurde der Deutsche Aktienindex (DAX) an der Frankfurter Wertpapierbörse eingeführt. Es handelte sich dabei um ein Gemeinschaftsprojekt der Frankfurter Börse, der Börsenzeitung und der Arbeitsgemeinschaft der Deutschen Wertpapierbörse. Ziel war es, einen Maßstab für die Entwicklung des deutschen Aktienmarkts zu entwickeln, der auch international Beachtung finden würde. Die Vorgänger des DAX waren der auf dem älteren Hardy-Index basierende Index der Börsenzeitung, der dringend einer Aktualisierung bedurfte, und der Index der Frankfurter Börse, der sämtliche in Frankfurt notierten Inlandsaktien berücksichtigte. Um nicht Gefahr zu laufen, mehrere konkurrierende Indizes gegeneinander ins Rennen zu schicken, einigten sich die Beteiligten auf ein gemeinsames Produkt – den DAX.

Der neue Index setzte sich aus den Aktienkursen von 30 deutschen Unternehmen zusammen. Auf diese entfielen 1987 79 Prozent des Gesamtumsatzes und 59 Prozent des Grundkapitals der deutschen Börsenlandschaft. Aus den Werten dieser Aktien wurde für den Index nicht einfach ein Durchschnittswert ermittelt, sondern die einzelnen Kurse

wurden mittels der Laspreyes-Formel gegeneinander gewichtet. Deshalb handelt es sich beim DAX auch um einen »echten« und repräsentativen Aktienindex. Als ursprüngliche Berechnungsgrundlage diente der Wert vom Jahresende 1987, der mit 1.000 Punkten gleichgesetzt wurde. Da die Handelspreise bis zur Jahresmitte 1988 stiegen, startete der DAX allerdings mit dem etwas eigentümlichen Wert von 1.163 Punkten. Offizielle Quelle des Index waren zunächst die Preise der Frankfurter Präsenzbörse, die mit den Werten des Xetra-Systems (des Onlinehandels der Deutschen Börse) verrechnet wurden. Seit 1999 werden nur noch die Xetra-Werte berücksichtigt. Als Lauf- bzw. Echtzeitindex wurde der DAX nach seiner Einführung alle 60 Sekunden aktualisiert, später viermal pro Minute, seit 2006 erfolgt die Aktualisierung im Sekundentakt.

Ursprünglich sollte der DAX übrigens Kiss-Index heißen. Kiss stand für »Kursinformationssystem der Deutschen Börse«. Erst als sich die britische Financial Times über den »Kuss-Index« der verrückten Deutschen lustig machte, erhielt der DAX den Namen, unter dem er heute bekannt ist. So deutsch ist der deutsche Aktienindex allerdings gar nicht mehr: Mittlerweile sind über 50 Prozent der DAX-Aktien in ausländischem Besitz.

Schieß mir in die Augen, Kleines

Der Traum jeder Brillenschlange, jedes Vierauges oder Glubschis rückte 1988 in greifbare Nähe: Mithilfe von Laserstrahlen sahen sich Mediziner in der Lage, Fehlsichtigkeiten zu korrigieren. Bislang hatten spottgeplagte Brillenträger nur drei Möglichkeiten: trotz Hänseleien das Kassengestell mit Würde zu tragen, sobald Arzt und Eltern es zulassen, auf Kontaktlinsen umzusteigen oder auf die Sehhilfe zu verzichten und dafür die Augen zusammenzukneifen.

Erste Überlegungen, durch Schnitte an der Hornhaut Fehlbildungen zu korrigieren, standen bereits gegen Ende des 19. Jahrhunderts im Raum, waren lange Zeit aber technisch nicht umsetzbar. Werkzeuge und Operationsmethoden waren noch nicht auf den Gebrauch im Nanometerbereich ausgelegt. 1974 bekamen die alten Überlegungen neuen Antrieb.

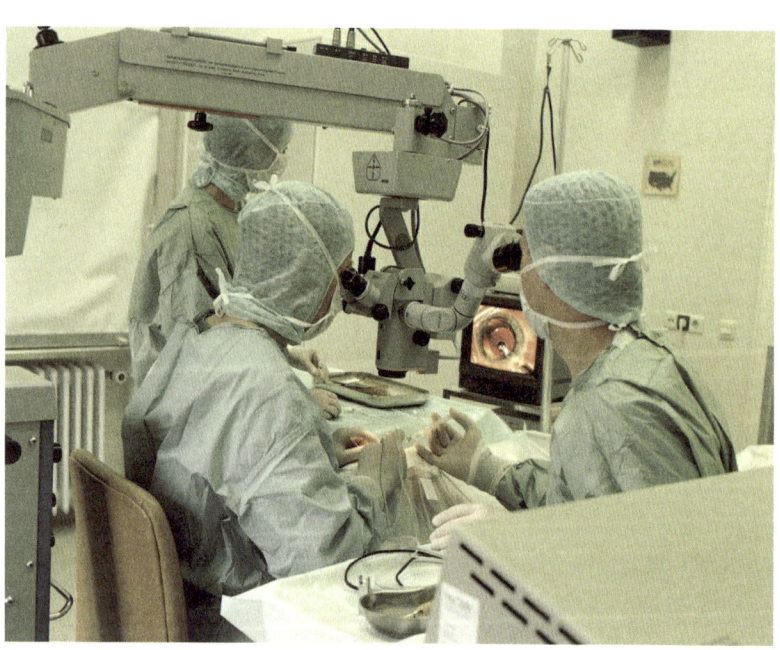

Damals behandelte der russische Augenarzt Swjatoslaw Fjodorow einen Jungen, dessen Auge bei einem Unfall von Glassplittern getroffen worden war. Dabei stellte er fest, dass die Glassplitter Teile der Hornhaut abgetrennt hatten, was eine erhebliche Verbesserung der Sehleistung des Jungen zur Folge hatte. Angesichts dieser Entdeckung widmete sich Fjodorow diesem Forschungsfeld und schlug die Verwendung der noch neuartigen Lasertechnologie zur Augenkorrektur vor. Die Durchführung seiner Idee überließ er dann aber Fachkollegen.

In den frühen 1980er-Jahren waren US-amerikanische Augenchirurgen die ersten, die Versuche mit Excimer-Lasern an Kaninchenaugen und später auch an menschlichen Leichen durchführten. Um zuverlässig und präzise am menschlichen Auge operieren zu können, benötigten die Mediziner einen geeigneten Apparat, mit dessen Hilfe sie den Laser genau steuern konnten.

Die Firma CooperVision lieferte 1988 den ersten Prototyp, der diesen Ansprüchen genügte. Im selben Jahr fand auch die erste Operation an einem lebenden Patienten statt. Eine 60-jährige Patientin hatte sich freiwillig zur Verfügung gestellt, die Ärzte an ihrem Auge den innovativen Eingriff üben zu lassen. Ihr Auge war von einem Melanom befallen und musste ohnehin entfernt werden. Marguerite McDonald führte diese erste photorefraktive Keratektomie erfolgreich durch. Drei Jahre später wurde das Verfahren in Kanada zugelassen, andere Länder folgten bald.

1990 wurde es dahin gehend verfeinert, dass vor dem eigentlichen Lasereinsatz ein Teil der Hornhaut mit einer Klinge eingeschnitten und zurückgeklappt wurde, um nach der Operation als natürliche Wundabdeckung zu dienen.

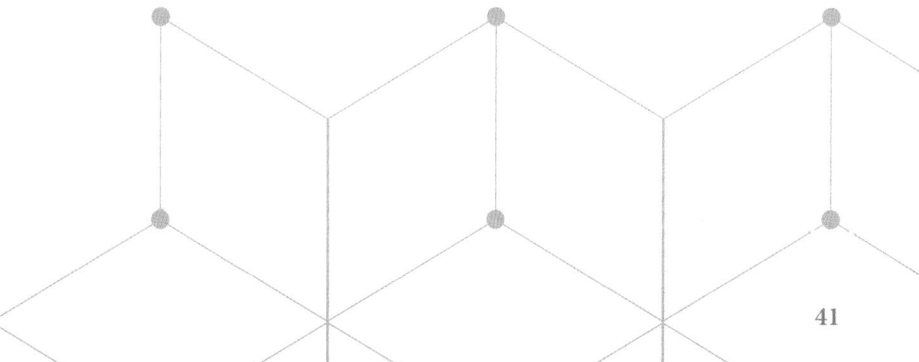

Meilenstein der Kommunikation

Am 14. Dezember 1988 begann ein neues Zeitalter der transatlantischen Telekommunikation. Das Transatlantische Telefonkabel Nummer 8 (TAT-8) war das erste seiner Art, das nicht aus Kupfer, sondern aus Glasfasern bestand. Es handelte sich um ein Gemeinschaftsprojekt des US-amerikanischen Telekommunikationsunternehmens AT&T, der France Télécom und der British Telecom. Die Baukosten betrugen rund 335 Millionen US-Dollar.

Die Enden des Kabels liegen auf amerikanischer Seite in New Jersey, auf europäischer in England und Frankreich. Damit reiht sich TAT-8 in eine ganze Schar von Seekabeln ein, die seit der Mitte des 19. Jahrhunderts die britischen Inseln mit Nordamerika verknüpfen. Diese Verbindung war von Anfang an insbesondere für die auf eine verzögerungsfreie Kommunikation angewiesenen Börsenstandorte New York und London von größter Bedeutung.

Als 1978 mit TAT-7 das letzte bedeutende Kupferkabel verlegt worden war, hatten Kabel nur rund die Hälfte des transatlantischen Telefonievolumens übertragen, der Rest lief über Satelliten. Mit TAT-8 änderte sich das nun grundlegend, denn seine Kapazität mit 40.000 gleichzeitig übermittelbaren Gesprächen war zehnmal so hoch wie bei seinem Vorgänger, darüber hinaus ging die Übertragung wesentlich schneller vonstatten als per Satellit.

Mit einer Übermittlungsgeschwindigkeit von immerhin 280 MBit/s (zum Vergleich: das jüngste Projekt TAT-14 schafft 160 GByte/s) leistete TAT-8 einen wesentlichen Beitrag zur Ausbreitung des Internets. Ohne Glasfaserleitungen könnte das Internet mit seinem heutigen Datenvolumen nur schwer die Ozeane überbrücken.

Nur ein Jahr nach TAT-8 wurde bereits das zweite transatlantische Glasfaserkabel gelegt, diesmal allerdings von einem Konsortium vergleichsweise kleiner Unternehmen, nämlich der US-Firma PTAT Systems und der britischen Cable & Wireless plc. Das erste private Transatlantikkabel PTAT-1 brach das seit 156 bestehende Monopol von AT&T und British Telecom. Beide Kabel waren noch bis zu Beginn der 2000er-Jahre in Betrieb. TAT-8 wurde 2002, PTAT-1 2004 vom Netz genommen.

Kurioserweise gehörten Haie zu den größten – und anfangs unterschätzten – Problemen bei der Entwicklung von Glasfaserseekabeln. Vom Magnetfeld der Kabel angelockt, fraßen sie sich durch die Isolierung und bekamen anschließend einen tödlichen Elektroschock zu. Man umging das Problem, indem man Glasfaserkabel mit robusteren Ummantelungen ausstattete als ihre kupfernen Vorgänger.

Top 10 der beliebtesten Videospiele

1 Super Mario Bros. 3

2 Maniac Mansion

3 Tetris

4 The Legend of Zelda

5 Pac-Man

6 Donkey Kong

7 M.U.L.E.

8 Ultima

9 Paperboy

10 Microsoft Flight Simulator

Rette die Prinzessin

Seit der Veröffentlichung der ersten Videospielkonsole verbreitete sich das Daddeln in der ganzen Welt. Zu einem der erfolgreichsten Videospiele aller Zeiten entwickelte sich »Super Mario Bros. 3« von Nintendo, das am 23. Oktober 1988 in Japan erschien. Das Spiel baute auf den beiden Vorgängern »Super Mario Bros.« und »Super Mario Bros. 2« auf, entwickelte die Geschichte des kleinen Klempners auf der Suche nach der Prinzessin Toadstool aber weiter und baute auch das allgemeine Spielprinzip aus. In dieser Version bewegte sich der Spieler wahlweise als Mario oder als dessen Bruder Luigi durch ein ausgedehntes Universum, das in sieben Welten und zahlreiche Levels eingeteilt war. Es galt nicht nur die Prinzessin zu finden, sondern auch sieben Könige zu befreien, die vom Erzbösewicht Bowser in Tiere verwandelt worden waren. Für besonderen Spielspaß sorgten jede Menge Power-ups, die man in den Levels sammeln oder in Minispielen gewinnen konnte. Neben den gewohnten Level-ups und Boostern konnte man in »Super Mario Bros. 3« spezielle Tieranzüge sammeln, mit deren Hilfe Mario wahlweise fliegen, schwimmen, Hammer werfen und vieles andere tun konnte.

Seinen kommerziellen Erfolg hatte das Spiel auch der ausgedehnten Marketingstrategie von Nintendo zu verdanken. Kurz vor der Veröffentlichung in den USA ging der Hersteller werbewirksame Kooperationen mit McDonalds und Pepsi ein. Letztlich wurde »Super Mario Bros. 3« das meistverkaufte Videospiel, das nicht einer Konsole beilag.

Das gibt's seit 1988

Bei den Bürgermeisterwahlen von Rio de Janeiro holte ein Schimpanse aus dem städtischen Zoo 400.000 Stimmen. Er war damit erfolgreicher als neun seiner elf Gegenkandidaten.

Bei der Lottoziehung am 23. Januar 1988 lauteten die Gewinnzahlen 24, 25, 26, 30, 31 und 32. Die beiden Dreierreihen sorgten dafür, dass eine Rekordzahl von 222 Spielern sechs Richtige tippten und einen vergleichsweise mageren Gewinnanteil von 84.803 DM erhielten.

Einige der Tauben, die zur Eröffnung der Olympischen Spiele in Seoul als Friedenszeichen freigelassen wurden, verbrannten nur wenige Augenblicke später bei der Entzündung des olympischen Feuers.

In der Nähe des walisischen Harlech wurde eine 2,75 m lange und 900 kg schwere Lederrückenschildkröte angespült. Es handelte sich um die größte dokumentierte Schildkröte aller Zeiten.

Der erste Kunststoffgeldschein der Welt kam in Australien in Umlauf.

In der Gießener Universitätsklinik gelang die erste Herztransplantation an einem Neugeborenen in der BRD.

Der erste und einzige Flug einer Buran-Sphäre, eines sowjetischen Spaceshuttles, fand statt.

Der erste plutoniumbetriebene Herzschrittmacher, der beide Herzkammern kontrolliert, wurde eingesetzt.

Technikskandal: Waffen für den Feind?

Am 14. Januar 1988 griff Bundesumweltminister Klaus Töpfer durch. Auf seine Weisung hin musste die hessische Landesregierung dem Kerntechnikunternehmen Nukem die Betriebserlaubnis entziehen. Diesem Schritt vorausgegangen war ein Skandal im Nukem-Tochterunternehmen Transnuklear, der dieses bereits 1987 die Betriebserlaubnis gekostet hatte. Transnuklear war für den Abtransport von 80 Prozent des radioaktiven Abfalls in der Bundesrepublik zuständig.

In der Anlage Transnuklear Hanau, dem sogenannten Atomdorf in Hessen, war vieles nicht mit rechten Dingen zugegangen, wie die Staatsanwaltschaft bei ihren Ermittlungen rasch feststellte. Über Jahre hinweg waren auf Weisung der Geschäftsführung etwa 20 Millionen DM an Schmiergeldern geflossen, teils auch in Form von Sachzuwendungen und Bordellbesuchen. Außerdem hatte Transnuklear der belgischen Partnerfirma Smet für Leistungen im Wert von 8 Millionen DM ganze 24 Millionen DM gezahlt. Aber nicht nur die Finanzpolitik des Unternehmens war in höchstem Maße fragwürdig, auch ihr Umgang mit den Atommülltransporten konnte bestenfalls kreativ genannt werden. Rund 2.500 Fässer waren offenkundig falsch beschriftet worden und enthielten entgegen offizieller Angaben Plutonium und größere Mengen Kobalt 60 und Caesium 135.

Internationale Dimensionen nahm die Affäre an, als ebenfalls im Januar 1988 der Verdacht aufkam, Transnuklear hätte möglicherweise spaltbares Material nach Pakistan und Libyen geschmuggelt. Damit wäre diesen Ländern der Bau von Nuklearwaffen ermöglicht oder zumindest erleichtert worden, was einen schweren Verstoß gegen den Atomwaffensperrvertrag von 1970 dargestellt hätte. Gleichzeitig schien das Schmuggelgeschäft eine logische Erklärung für die enormen Bestechungssummen zu sein.

Letztlich konnte der Fall nie vollständig aufgeklärt werden. Insbesondere die Frage, ob Transnuklear tatsächlich waffenfähiges Material ins Ausland verkauft hatte, blieb strittig. Das Nukem-Management wurde zwar noch 1988 rehabilitiert, da die Ermittler den Kreis der Eingeweihten ausschließlich bei Transnuklear sahen, doch an dieser Sichtweise gab es durchaus Kritik. Insgesamt trugen die Unsicherheiten in dem Fall nicht dazu bei, das Image der Atomindustrie in der westdeutschen Industrie zu verbessern, zumal das Reaktorunglück von Tschernobyl noch keine zwei Jahre zurücklag. Im Gegenteil: SPD und Grüne verstärkten ihre Forderungen nach einem vollständigen Ausstieg aus der Kernenergie, und selbst Angehörige der Regierungsparteien CDU und FDP sprachen sich für strengere Kontrollen in der Atomwirtschaft aus.

TECHNIKSKANDAL: Gedopte Kühe

In der Europäischen Gemeinschaft wurde zum 1. Januar 1988 der Einsatz von Wachstumshormonen in der Tierzucht verboten. Dem Verbot waren lange Diskussionen über das Für und Wider der Hormongabe vorausgegangen. Befürworter schätzten die schnellere und damit billigere Aufzucht der Tiere, Kritiker fürchteten vor allem Nebenwirkungen bei den Menschen, wie ein erhöhtes Krebsrisiko, kritisierten die Gefahren für das Tierwohl und die Kontamination des Trinkwassers mit den Hormonen. Letztlich überwogen die Stimmen der Hormongegner.

Dass nicht nur die Herstellung, sondern auch die Einfuhr von Hormonfleisch von der EG verboten wurde, verärgerte die Regierung der Vereinigten Staaten, wo die Hormonbehandlung von Rindern nicht nur erlaubt, sondern 1988 bereits die Regel war. Es entspann sich ein Handelsstreit, der damit endete, dass die USA auf das Einfuhrverbot reagierten, indem sie wichtige europäische Exportgüter mit Strafzöllen belegten. Die Situation entspannte sich erst 2009, als die EU den jährlichen zollfreien Import von 45.000 Tonnen Rindfleisch gestattete – mit der Auflage, dass das Fleisch nur von Tieren stammen dürfe, die nicht mit Wachstumshormonen behandelt worden waren. In den Verhandlungen um ein transatlantisches Freihandelsabkommen beharrten die Vertreter der EU stets auf dem Verbot, während die USA die Ungefährlichkeit von hormonbehandeltem Fleisch betonten.

Doch auch in Europa hielten sich nicht alle an das neue Gesetz. Am 8. August 1988 wurde ein erster schwerwiegender Verstoß publik, als der Umweltminister von Nordrhein-Westfalen, Klaus Matthiesen, 14.000 Kälber notschlachten ließ, weil ihnen Wachstumshormone injiziert worden waren. Die betroffenen Landwirte versuchten, teilweise in Nacht- und Nebelaktionen, ihre Kälber aus den Ställen zu schaffen oder mit der Entfernung der Ohrenmarken ihr Vieh vor den Augen der Staatsanwaltschaft zu verbergen. Am Ende rückte die Polizei mit Hundertschaften aus, um die Tiere zu beschlagnahmen.

Der Hormonskandal verdarb den Deutschen auf Monate hin den Appetit auf Kalbfleisch. Tier- und Verbraucherschützer genauso wie viele Landwirte reagierten schockiert auf die Enthüllungen, aber ob sich durch das Verbot etwas in den Ställen wirklich nachhaltig geändert hat, ist fraglich. Von den 24 Angeklagten des Hormonskandals 1988 wurden 22 aus Mangel an Beweisen freigesprochen. Darüber hinaus ist neben einer Vielzahl umstrittener Medikamente auch der Einsatz von Sexualhormonen in der Tierzucht nach wie vor erlaubt.

Die OncoMouse

Schon Anfang der 1980er-Jahre gelang es Philip Leder und Timothy A. Stewart von der Harvard Medical School, ein Gen zu isolieren, das bei vielen Säugetieren zur Bildung von Krebszellen führen kann. Dieses sogenannte Onkogen ist auch beim Menschen wirksam. Die Wissenschaftler brachten das Gen in befruchtete Eizellen von Mäusen ein, woraufhin etwa die Hälfte der geborenen Weibchen Krebs entwickelte. Auf diese Weise gelang es den Forschern, ein einfach zu kontrollierendes System zu entwickeln, mit dem die Auswirkungen von bestimmter Nahrung, Medikamenten und anderen äußeren Einflüssen auf das Krebswachstum bestimmt werden konnten.

1988 wurde die Harvard- oder Krebsmaus in den USA zum Patent angemeldet. Unter dem Namen OncoMouse (nach dem manipulierten Onkogen) ist sie bis heute ein eingetragenes Markenzeichen. 1992 ließ auch das Europäische Patentamt die Harvard-Maus zu, lehnte im selben Jahr aber eine andere genmanipulierte Maus ab. Die Upjohn-Maus hatte statt eines Krebsgens ein Haarausfallgen zugesetzt bekommen. In den Augen des Europäischen Patentamts überwog das Leid der nackten Mäuse den zu erwartenden Nutzen für die Menschheit.

In den USA zog das Patent einen ganzen Rattenschwanz an Diskussionen und Protesten nach sich. Unter anderem Mitglieder des Kongresses sahen in der Entscheidung des Patentamts, ein Tier zu patentieren, eine massive Kompetenzüberschreitung der zuständigen Beamten, da nun ein Präzedenzfall geschaffen war. Andere Stimmen hielten die Zulassung der Harvard-Maus nur für den logischen nächsten Schritt. Bereits 1930 war erstmals ein Patent auf eine Nutzpflanze vergeben worden, und 1980 hatte der Oberste Gerichtshof der USA die Patentierung genetisch veränderter Mikroorganismen für rechtens befunden. 1987 folgte die Ankündigung des Patentamts, künftig durch biotechnologische Verfahren entstandene Tiere zuzulassen. Einzig die Frage, inwiefern Patente auf verändertes menschliches Erbgut in Einklang mit der amerikanischen Verfassung zu bringen wären, blieb strittig. Der 13. Zusatzartikel von 1865, der die Sklaverei verbietet, verhindert nach Meinung von Patentbefürwortern nämlich lediglich die Patentierung vollständiger Menschen, nicht jedoch die einzelner Gene oder Gensequenzen.

In Deutschland wurde ebenfalls viel über das Thema diskutiert, und die jüngsten Forschungsergebnisse aus Harvard wurden mit Misstrauen beäugt. Drei Monate nachdem das Patent für die OncoMouse angemeldet worden war, beugte sich die Max-Planck-Gesellschaft dem wachsenden Druck der Öffentlichkeit und verkündete ihren kategorischen Verzicht auf die verbrauchende Embryonenforschung.

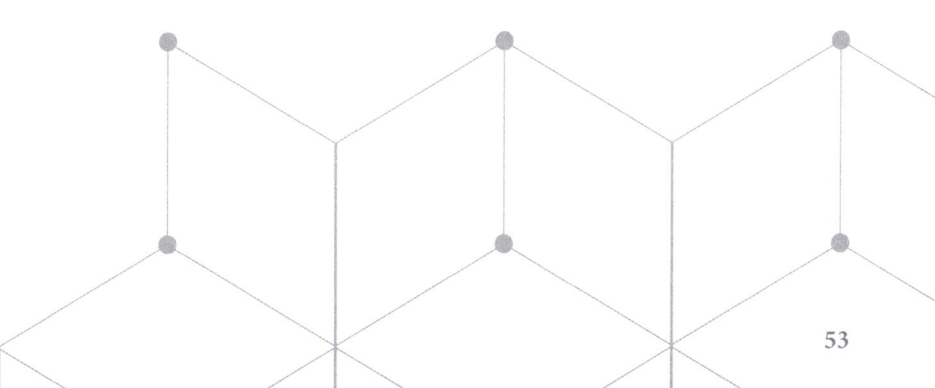

Unendliche Weiten

Am 15. Juni trat das »Arbeitspferd« seinen Dienst an. So sollte die Europäische Weltraumagentur ESA ihre tüchtigste Trägerrakete Ariane 4 später liebevoll nennen.

Dem Start war eine sechsjährige Entwicklungszeit vorausgegangen, an deren Ende mit fast 60 Metern Höhe ein doch recht stattliches »Pferd« bereitstand. Als Grundlage für die Ariane 4 hatte ihr Vorgängermodell Ariane 3 gedient, deren erste Stufe verlängert worden war, um mehr Treibstoff mitführen zu können. Neue Baumaterialien sorgten dafür, das Gewicht trotzdem möglichst gering zu halten. Die Ariane-Raketen der ESA sind in Modulen aufgebaut, die es je nach Nutzlastanforderung ermöglichen, die Rakete mit zusätzlichen Fest- oder Flüssigtreibstoff-Boostern auszurüsten.

Die Zusammenstellung der Booster konnte an der Typbezeichnung der Ariane 4 abgelesen werden. So entsprach eine Ariane 40 dem Grundtyp ohne Booster, eine Ariane 42L verfügte über zwei Flüssigtreibstoff-Booster, und eine Ariane 44P war mit vier Festtreibstoff-Boostern ausgestattet. Bei der ersten Ariane 4, die die Erde verließ, handelte es sich um die besonders leistungsstarke 44LP mit jeweils zwei Boostern von jedem Typ.

Dieses Modell war problemlos in der Lage, zwei Satelliten mit einem Gesamtgewicht von fast fünf Tonnen in einen Orbit auf 36.000 Kilometer Höhe zu befördern. Doch nicht nur ihre Leistungsfähigkeit, sondern auch ihre Zuverlässigkeit machte die Ariane 4 zur beliebtesten Trägerrakete der 1990er-Jahre. Von den 113 Einsätzen der Rakete schlugen nur drei Starts fehl – das entspricht einem Zuverlässigkeitsfaktor von 97,4 Prozent.

Zuletzt war es auch ein Mangel an Konkurrenz, der den Erfolg der Rakete zementierte. Nach der Explosion der Challenger im Januar 1986 verzichtete die NASA zunächst auf den Einsatz von Trägerraketen. Die Nachfrage nach Alltransporten überstieg jedoch das Angebot, sodass die ESA mit ihrer Ariane 4 fortan die überwiegende Zahl von kommerziellen Kommunikations- und Wettersatelliten in die Erdumlaufbahn brachte. Erst 2003, nach 15 Jahren, schickte die ESA ihr hochgeschätztes Arbeitspferd in den wohlverdienten Ruhestand. Sie wurde von ihrer Nachfolgerin Ariane 5 beerbt, die bis heute die leistungsstärkste Trägerrakete der ESA ist.

TOP 10 der längsten Tunnel im Jahr 1988

1 Seikan-Tunnel, Japan (53,84 km, Eisenbahntunnel, Baujahr 1988)

2 Strecke der U-Bahn-Linie 7 in Berlin, BRD (31,8 km, U-Bahn-Tunnel, Baujahr 1984)

3 Dai-Shimizu-Tunnel, Japan (22,17 km, Eisenbahntunnel, Baujahr 1982)

4 Simplontunnel, Italien/Schweiz (19,82 km, Eisenbahntunnel, Baujahr 1905/1921)

5 Shin-Kanmon-Tunnel, Japan (18,71 km, Eisenbahntunnel, Baujahr 1975)

6 Apenninbasistunnel, Italien (18,49 km, Eisenbahntunnel, Baujahr 1934)

7 Gotthard-Straßentunnel, Schweiz (16,94 km, Straßentunnel, Baujahr 1980)

8 Rokko-Tunnel, Japan (16,25 km, Eisenbahntunnel, Baujahr 1972)

9 Furka-Basistunnel, Schweiz (15,38 km, Eisenbahntunnel, Baujahr 1982)

10 Haruna-Tunnel, Japan (15,3 km, Eisenbahntunnel, Baujahr 1982)

Japan hat den längsten

Der jahrzehntelang gehegte Traum vieler Japaner, alle Hauptinseln des japanischen Archipels mit Bahngleisen zu verbinden, sollte sich im Jahr 1988 endlich erfüllen. Nachdem 1942 bereits ein erster Tunnel zwischen der größten japanischen Insel Honshu und dem südwestlich gelegenen Kyushu gebaut worden war, begannen im Mai 1964 die Bauarbeiten für ein wahres Mammutprojekt, dessen Fertigstellung erst 24 Jahre später erfolgen sollte: den Seikan-Tunnel zwischen Honshu und der nördlichen Nebeninsel Hokkaido. Der Name Seikan leitet sich von den Schriftzeichen für die Städte Aomori auf Honshu und Hakodate auf Hokkaido ab. Eine treffende Übertragung ins Deutsche wäre also Aomori-Hakodate-Tunnel.

Der Bau in der stark erdbebengefährdeten Gegend war mit allerlei Komplikationen und immensen Kosten verbunden und verzögerte sich mehrmals. Als 1985 endlich der Durchstich gelang, waren bei diversen Unfällen insgesamt 34 Arbeiter ums Leben gekommen und mehr als 700 verletzt worden. Am 13. Mai 1988 erfolgte schließlich die Freigabe für den Personenverkehr. Mit einer Gesamtlänge von 53,84 Kilometern handelte es sich zu diesem Zeitpunkt um den längsten Tunnel der Welt. Erst mit der Eröffnung des Gotthard-Basistunnels am 1. Juni 2016 ging dieser Status verloren.

Täterüberführung im Labor

Am 29. Februar 1988 wurde die 21-jährige Bankangestellte Claudia Mrosek aus Berlin von ihren Eltern als vermisst gemeldet. Zwei Wochen später fand man ihre Leiche in der abgelegenen Kleingartenkolonie Neuköllner Berg – die junge Frau war vergewaltigt und anschließend erdrosselt worden. Die Polizei tappte auf der Suche nach dem Täter zunächst völlig im Dunkeln, bis Mroseks Scheckkarte an einem Bankautomaten verwendet wurde. Das Videomaterial der Überwachungskamera ließ keine eindeutige Identifizierung des Täters zu, die Beamten glaubten jedoch, den 31-jährigen Hansjoachim Rosenthal zu erkennen, der erst kurz zuvor eine zehnjährige Jugendstrafe wegen Raubmords abgesessen hatte. Ein echter Beweis fehlte jedoch. Da Rosenthal jegliche Schuld von sich wies, bestand die beste Chance der Ermittler darin, den Mörder anhand der Spermaspuren zu identifizieren, die an Mroseks Leiche gefunden worden waren.

Die Polizei machte sich die jüngsten Erkenntnisse der Gentechnik zunutze: 1985 hatte Alec Jeffreys von der Universität Leicester eine Gensequenz entdeckt, die bei jedem Menschen anders aufgebaut ist. Zwei Jahre später wurde das Verfahren erstmals bei der Fahndung nach einem Straftäter eingesetzt, als das Blut von 5.511 Männern aus Leicestershire untersucht wurde, um herauszufinden, welcher dieser Männer die 15-jährige Dawn Ashworth in dem Dorf Enderby vergewaltigt und ermordet haben konnte. Der Einzige, der die Blutabnahme verweigerte, erwies sich später als Täter: Es handelte sich um den 27-jährigen Bäcker Colin Pitchfork.

Die deutschen Ermittler sandten die sichergestellte Spermaprobe an das britische Unternehmen Imperial Chemical Industries, das die Patentrechte für das Verfahren innehatte. Mithilfe eines radioaktiven Markers wurden die Genstrukturen in Form eines Strichmusters sichtbar gemacht und miteinander verglichen: Das Genmaterial vom Tatort und die Probe Rosenthals stimmten exakt überein. Weil identische Sequenzen nur bei eineiigen Zwillingen auftreten und Rosenthal keinen Zwilling hatte, war er als Täter überführt.

Die neue Methode wurde aber erst 1990 vom Bundesgerichtshof in einem Grundsatzurteil für die Aufklärung von Schwerverbrechen für zulässig erklärt. Im Berliner Mordprozess verzichtete man darauf, die Analyse als Beweismittel vor Gericht zu verwenden. Das war auch nicht mehr nötig, da Rosenthal, konfrontiert mit den Ergebnissen der Genanalyse, sein Verbrechen gestanden hatte.

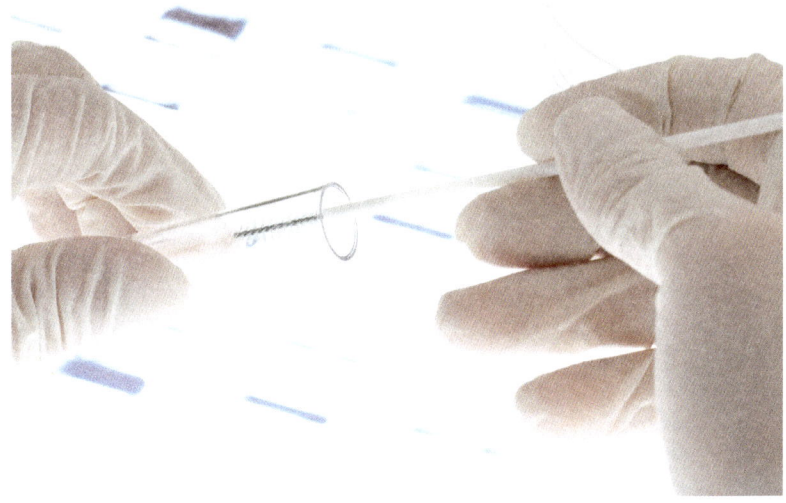

Virtuelle Schönheitsoperationen

Photoshop – das Wort ist mittlerweile geradezu ein Synonym für das Spiel mit der Realität. Es wird retuschiert, eingefügt und aufgehübscht, was das Zeug hält. Jedes Bild kann heute manipuliert sein, und oft haben selbst Experten Schwierigkeiten, Fälschungen zu entlarven. Bei manch einem mag sich gar ein generelles Misstrauen digitalen Bildern gegenüber eingestellt haben. Andererseits wären viele großartige Kunstwerke ohne das Programm, das 1987 von zwei Brüdern entwickelt wurde, niemals zustande gekommen.

John Knoll arbeitete Ende der 1980er-Jahre bei der Firma Industrial Light & Magic (ILM), der für Spezialeffekte zuständigen Tochterfirma von Lucasfilm, die auch an sämtlichen »Star Wars«-Filmen beteiligt war. Johns Bruder Thomas Knoll war unterdessen mit seiner Promotion in Bildverarbeitung an der University of Michigan beschäftigt. Weil das Monochromdisplay seines Apple Mac Plus keine Graustufen darstellen konnte, schrieb er kurzerhand ein Programm dafür.

John zeigte sich von der Arbeit seines Bruders beeindruckt und entdeckte Gemeinsamkeiten mit den Bildverarbeitungsfunktionen von ILMs Pixar-Computer. Gemeinsam erarbeiteten die beiden Knolls ein umfangreicheres Programm, dem sie den Namen »Display« gaben. Es kam erstmals bei den Spezialeffekten zu James Camerons

»Abyss« zum Einsatz. Wenig später schrieb Thomas Knoll »Display« für die Benutzung an einem Macintosh II mit Farbanzeige um. Immer mehr Funktionen wurden hinzugefügt, und das Ergebnis »ImagePro« erschien John Knoll ausgereift genug, um auf den Markt gebracht zu werden. 1988 begannen die Brüder mit der Suche nach Investoren.

Zunächst lehnten verschiedene große Fotografieunternehmen, darunter Nikon und Kodak, das Programm ab. Der Legende nach schlug einer der potenziellen Geldgeber bei einer Präsentation den Namen »Photoshop« vor, unter dem das Programm heute so bekannt ist.

Im September 1988 fanden die Knoll-Brüder schließlich einen Investor: Das Softwareunternehmen Adobe hatte Interesse signalisiert. Es gelang John und Thomas Knoll, die Rechte an Photoshop zu behalten und mit Adobe lediglich einen Lizenzvertrag auszuhandeln. Trotzdem war noch einiges an Entwicklungsarbeit zu leisten, ehe Photoshop 1 im Jahr 1990 als erste kommerzielle Version veröffentlicht werden konnte.

Danach war es kaum noch aufzuhalten: In Windeseile schwang sich das Programm zum unumstrittenen Marktführer auf und ist es trotz billigerer – teilweise sogar kostenloser – Konkurrenz bis heute geblieben.

Neue Bildwelten mit der Fujix DS-1P

Heutzutage sind Digitalkameras eine Selbstverständlichkeit. Fast jeder besitzt eine, selbst wenn es sich nur um die im Mobiltelefon integrierte handelt. Herkömmliche Fotofilme sind zwar noch nicht völlig ausgestorben, die massiv eingebrochenen Verkaufszahlen machen den Herstellern aber zu schaffen und bestrafen diejenigen, die sich nicht rechtzeitig um ein drittes Standbein bemüht haben. Umso bemerkenswerter ist es, dass die erste voll digitale Kamera der Welt ausgerechnet von einem Filmhersteller entwickelt wurde: die Fujix DS-1P von Fujifilm.

Die Idee war 1988 nicht völlig neu. Schon in den 1970er-Jahren erprobten Fuji und Kodak eine Technologie namens CCD (Charge-Coupled Device), die Licht in ein elektrisches Signal umwandeln konnte und daher die essenzielle Grundlage für die Digitalfotografie darstellte.

1975 baute Steve Sasson für Eastman Kodak die erste funktionierende Kamera, die mit CCD arbeitete. Mit einem Gewicht von vier Kilogramm war sie allerdings ziemlich unhandlich. Als Speichermedium diente noch eine Magnetbandkassette. Magnetband war billig, aber auch unzuverlässig, und lieferte eine vergleichsweise schlechte Bildqualität. Als Alternative boten sich Speicher mit der allmählich in Mode kommenden Halbleitertechnologie an. Die hohen Kosten standen einer wirtschaftlichen Nutzung aber lange im Wege. Hinzu kam, dass die gängigen Privatcomputer der 1980er-Jahre mit der Darstellung digitaler Bilder überfordert gewesen wären.

Fuji ging mit der Entwicklung einer halbleiterbasierten Fotospeicherkarte also ein nicht unerhebliches Risiko ein. Alles hing davon ab, ob sie den technischen Fortschritt richtig einschätzten und die Öffentlichkeit die Innovation annehmen würde.

Vorgestellt wurde die fertige Kamera Fujix DS-1P mit neuer Speicherkarte 1988 auf der Kölner Fotomesse photokina. Die 2 MByte fassende Speicherkarte im Format einer Kreditkarte war durchaus beeindruckend, in der praktischen Anwendung konnte sie es aber noch nicht mit der analogen Fotografie aufnehmen, denn sie bot nur Platz für fünf bis zehn Bilder. Da musste man sich schon ganz genau überlegen, welches Motiv ein Foto wert war.

Im Folgejahr kam mit der Fuji DS-X die erste kommerziell vertriebene Digitalkamera auf den Markt. Der Siegeszug der neuen Technologie sollte zwar noch einige Jahre auf sich warten lassen, dass Fuji trotzdem den richtigen Riecher bei den Forschungen bewies, zeigt heute schon ein kleiner Griff in die Hosentasche.

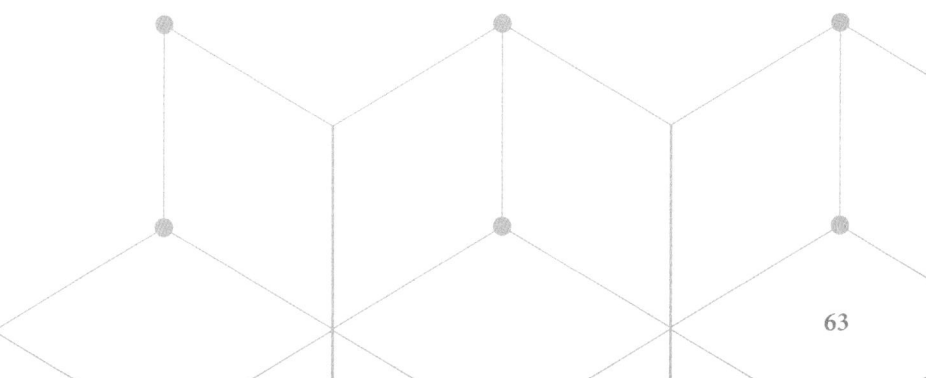

Erfindung des Jahres: das Pocky

1988 dämmerte in der Bundesrepublik das Handyzeitalter. Die Bundespost bestellte 10.000 Exemplare eines vom britischen Unternehmen Technophone produzierten Mobiltelefons, das auf den Namen Pocky getauft wurde. Es nutzte das C-Netz, das dritte und letzte analoge Mobilfunknetz, das in der BRD von 1984 bis 2000 in Betrieb war. Stolze 10.000 DM kostete ein Exemplar, wobei die Post ihren Kunden entgegenkam und eine komfortable Bezahlung per Telefonrechnung anbot. Wirklich hosentaschentauglich war Pocky allerdings nicht. Das 600 Gramm schwere Gerät brachte allerlei Zubehör mit: Neben Anleitung, Ladegerät und Reserveakku wurden unter anderem eine lederne Schutzhülle, eine Reisetasche, verschiedene Adapter und Autohalter, Booster, ein Koffer und eine Kurzantenne mitgeliefert.

Die Zielgruppe des Pockys war 1988 noch recht eingeschränkt. Ein Handynutzer war nach landläufiger Meinung jemand, der zu viel Geld, dafür aber kein Schamgefühl hatte und das auch allen möglichst öffentlich unter die Nase reiben wollte. Mit sinkenden Preisen und steigenden Verkaufszahlen wandelte sich dieses Bild bekanntermaßen. War das Mobiltelefon der Post noch ein Luxusgut, gibt es heute Handys für jeden Bedarf, Geschmack und Geldbeutel, was nicht zuletzt dem Erfolg des Pockys zu verdanken ist.